周福霖院士团队防震减灾科普系列

中国地震局公共服务司（法规司）
中国土木工程学会防震减灾工程分会　指导

神奇的
能量转移与耗散

——结构振动控制

邹　爽　刘彦辉　著

中国建筑工业出版社

图书在版编目（CIP）数据

神奇的能量转移与耗散：结构振动控制 / 邹爽，刘彦辉著 . —北京：中国建筑工业出版社，2022.11
（周福霖院士团队防震减灾科普系列）
ISBN 978-7-112-28224-1

Ⅰ.①神…　Ⅱ.①邹…　②刘…　Ⅲ.①建筑结构—结构振动—普及读物　Ⅳ.①TU311.3-49

中国版本图书馆 CIP 数据核字（2022）第 233993 号

　　全书共分为4章。第1章介绍地震作用及结构振动控制的基本原理。第2章介绍被动调谐质量阻尼器的工作原理及国内外著名工程实例。第3章介绍结构主动减振控制的原理方法和国内外著名工程实例。第4章介绍结构半主动减振控制的种类、工作原理以及各自的工程应用实例。

　　本书中理论详实，图文并茂，国内外典型工程实例丰富，理论与实践并举，是难得的科普书籍。本书可以作为中小学生、对振动控制感兴趣或生活中会接触到该类建筑的普通民众、地震活跃区的普通民众、可能采用振动控制技术的企业以及从事土木工程专业的大学生/研究生等专业人士的参考书使用。

责任编辑：刘瑞霞　梁瀛元
责任校对：张惠雯

周福霖院士团队防震减灾科普系列
神奇的能量转移与耗散——结构振动控制
邹　爽　刘彦辉　著

*

中国建筑工业出版社出版、发行（北京海淀三里河路 9 号）
各地新华书店、建筑书店经销
华之逸品书装设计制版
北京富诚彩色印刷有限公司印刷

*

开本：787 毫米×1092 毫米　1/16　印张：4¾　字数：49 千字
2023 年 3 月第一版　2023 年 3 月第一次印刷
定价：**49.00** 元
ISBN 978-7-112-28224-1
（40191）

周福霖院士团队防震减灾科普系列丛书
编 委 会

　　人类社会的历史，就是不断探索、适应和改造自然的历史。地震是一种给人类社会带来严重威胁的自然现象，自有记录以来，惨烈的地震灾害在历史上不胜枚举。与此同时，20世纪以来，随着地震工程学的诞生和发展，人类借以抵御地震的知识和手段实现了长足进步。特别是始于20世纪70年代的现代减隔震技术的工程应用，不仅在地震工程的发展史上具有里程碑意义，而且为改善各类工程结构在风荷载及环境振动等作用下的性能水平，进而提升全社会的防灾减灾能力提供了一种有效手段。

　　实际上，减隔震思想在历史上的产生比这要早得多，它来源于人们对地震灾害的观察、分析和总结。例如，人们观察到地震中一部分上部结构因为与基础产生了滑移而免于倒塌，从而意识到通过设置"隔震层"来减轻地震作用的可能性。又如，从传统木构建筑通过节点的变形和摩擦实现在地震中"摇而不倒"的事实中受到启发，人们意识到可以通过"耗能"的手段来保护建筑物。在这些基本思想的指引下，经过数十年的研究和实践，与减隔震技术相关的基本理论、实现装置、试验技术、分析手段和设计方法等均已日臻成熟。在我国，自20世纪80年代以来，结构隔震、结构消能减震、结构振动控制以及与之相匹配的各种新型试验技术作为地震工程和土木工程领域的发展前沿受到了广泛关注，取得了丰硕的研究成果，诞生了汕头凌海路住宅楼、广州中房大厦等开创性工程实践，以及北京大兴机场、广州塔、上海中心大厦等著名的代表性案例。

我国正在经历世界上规模最大的城镇化进程，而我国国土面积和人口有一半以上位于地震高风险区。过去几十年，减隔震相关技术在我国取得的跨越式发展令人鼓舞，展望未来，这些技术还将拥有更加广阔的发展前景。然而，今天的我们必须认识到，作为防震减灾最有效、最重要的手段之一，减隔震正在日益走进人们的生活，但在专业领域之外，社会公众对减隔震相关技术的认识水平和关注度尚不尽如人意。大多数公众对减隔震的概念即便不是"闻所未闻"，也仅仅停留在字面意义上的简单认知；不少土木工程专业的本科生和研究生在学习相关专业课程之前，对减隔震相关的基本概念和原理也缺乏了解。无怪乎当网友们看到上海中心大厦顶端的调谐质量阻尼器在台风中来回摆动发挥减震作用时，纷纷大呼"不明觉厉"甚至于感到心惊肉跳。与在学术和工程界受到关注的热烈程度相比，减隔震技术对于社会公众而言未免显得过于遥远和陌生了。

防震减灾水平的提升有赖于全社会的共同参与，减隔震技术持续发展的动力来源于公众和市场的接纳，而实现这些愿景的一个重要前提在于越来越多的人了解减隔震，相信减隔震。秉承这一目标，我与广州大学工程抗震研究中心团队编写了本丛书，从隔震技术、消能减震技术、振动控制技术和抗震试验技术四个角度，带领读者了解防震减灾领域的一系列基本概念和原理。

在本丛书的第一册《以柔克刚——建造地震中的安全岛》中，读者们将了解到隔震技术何以能够成为一种以柔克刚的防震减灾新思路，了解现代隔震技术发展成熟的简要过程以及代表性的隔震装置，了解各种采用隔震技术的典型工程实例。

丛书的第二册《勇于牺牲的抗震先锋——结构消能减震》将从基本概念、典型装置和代表性工程案例等角度带领读者对消能减震技术一探究竟。

丛书的第三册《神奇的能量转移与耗散——结构振动控制》聚焦一种特殊的减震装置——调谐质量阻尼器，它被应用在我国很多标志性的超高层建筑上，读者可以通过本书初步地认识这一巧妙的减震技术。

丛书的第四册《试试房子怕不怕地震——结构抗震试验技术》则关注了防震减灾技术研发中一个相当重要的方面——抗震试验技术。无论对于隔震、消能减震还是振动控制技术，它们的有效性和可靠性毫无疑问都需要接受试验的检验。本书试图通过简明通俗、图文并茂的讲解，使读者能够一窥其中的奥妙。

防震减灾是关系到国家公共安全、人民生命财产安全和经济社会可持续发展的基础性、公益性事业。减隔震相关技术经过几代人的不懈努力，正在向更安全、更全面、更高效、更低碳的方向蓬勃发展。在减隔震技术日益走进千家万户的同时，全社会对高质量科学传播的需求正在变得愈加迫切。衷心希望这套科普丛书能够为我国的防震减灾科普宣传做出一些贡献，希望我国的防震减灾科普事业欣欣向荣、可持续发展，真正能够与科技创新一道成为防震减灾事业创新发展的基石。

周福霖

2022 年 10 月 10 日

我国是一个地震频发的国家。近些年来，随着经济的发展，人们对建筑结构的抗震性能需求越来越高。并且，高层、超高层以及各种特殊建筑结构大量出现，使得提高建筑结构的抗震性能成为迫切需要解决的问题。传统建筑抗震理念是硬碰硬，"以刚制刚"，主要利用结构自身来吸收、消耗地震带来的能量以满足抗震设防的标准。虽然能在遇到较小地震时起到比较好的效果，但毫无疑问这是一种比较消极被动的抵抗地震的方法。

老子认为，"柔"的事物往往最具生命力、最有潜力，比如万物在初生的时候都是一种柔弱的状态，但是却蕴涵了巨大的生命能力，拥有无穷的爆发潜力，是最富生机的。王宗岳在《太极拳论》中论及："人刚我柔谓之走，我顺人背谓之黏。"这里的"走"即是"化"的意思，在"黏"的基础上加之以"化"，将对方的力道引导、转移，即可以将对方之力化于无形。遇到刚直之力时，以"柔"之力"黏"之，再以"圆柔"之力加以引导，如此一来，对方之力就在毫无防备的情况下被化于无形。"化"的力量运用到了纯熟之境时，不但能化去对方之力，还可借力打力，起到"四两拨千斤"的效果。结构振动控制技术正是基于这种"以柔克刚"理念建立起的新型防震技术，其本质上是一种"以退为进"的适应灾害的方法，通过吸收转化外来灾害能量，避免建筑发生破坏。中国工程院院士周福霖说过："在地震不能被预报的前提下，工程技术是防震减灾最有效、最现实的手段。"科学有效地采用结构振动控制技术来达到抗震的目的，目前已经成为结构工程学科中一个十分活跃的研究领域，被称为土木工程的高科技领域。

鉴于此，广州大学工程抗震研究中心策划推出了这本《神奇的能量转移与耗散——结构振动控制》科普书。本书各章节间的联系如下：第1章是基础工作，主要介绍地震作用及结构振动控制的基本原理、实现手段以及与传统抗震相比的优势等，这些内容为后续章节奠定了基础。第2章、第3章和第4章是并列的关系，分别介绍了结构振动控制中4种主要方法的原理、类型、著名应用实例以及发展趋势。本书的第1章和第2章由邹爽撰写，第3章和第4章由刘彦辉撰写。本书的内容知识水平较高，目的是"传播科学，提高国力"。通过阅读本书，不仅可以使读者学习各类结构防震减灾方面的科技知识，培养其对结构抗震抗风方面的兴趣，更重要的是可以增强读者的防灾意识，激发读者热情，为培养我国未来的科学家埋下种子。

由于编者水平有限，书中难免有错误之处，欢迎广大读者批评指正。

目录

I

引　言

1.1
地震是什么？

地震是地壳在快速释放能量过程中引起的振动，期间产生地震波的一种自然现象（图1-1）。

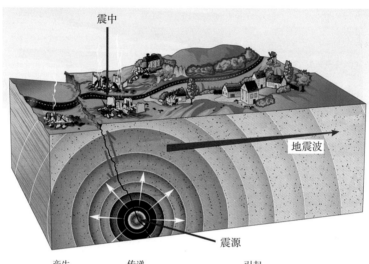

震源 —产生→ 地震波 —传递→ 建筑物所在场地 —引起→ 结构的地震反应

图1-1 地震发生原理

地球在不断运动和变化过程中，内部逐渐积累了巨大的能量。这些能量大多以十分缓慢的形式释放出来，甚至人们并未察觉，比如喜马拉雅山至今还在升高。少数时候，这些能量会在地壳脆弱地带，短时剧烈地释放，造成地球表层突然发生破裂，或者引发原有断层的错动，这就形成了地震。

1.2
地震带给我们的灾害有哪些？

　　大地震有三种主要的释放能量的方式，也是大地震最常见和最直接的几种危险。分别是地表破裂、地震波和滑坡。第一种危险地表破裂就是两侧块体在地震时发生了相对运动，上万平方公里的几十公里厚的巨量岩石发生几米的运动，需要巨大的能量，所以地震地表破裂可以说是无坚不摧，是最危险的元凶（图1-2）。

图1-2　2001年昆仑山地区8.1级地震留下的地表破裂带延绵430km

（图片来源：https://ziliao.co188.com/p62365324.html）

　　第二种危险就是地震波，它的影响最广泛，会造成几十万平方公里的土地产生震动，可见其能量也是巨大的，也是造成房屋倒塌的主要元凶（图1-3、图1-4）。

　　第三种危险是滑坡，它是一种次生灾害，是由前两种因素诱发岩石重力势能的释放，也是一个破坏性极大的危害，尤其是在地形陡峭的地区（图1-5）。

轻微晃动

中等晃动

强烈晃动

地震波　　　　震源　　　　地震波

图1-3　地震波引起地表振动

图1-4　地震波振动引起房屋倒塌

（图片来源：https://new.qq.com/rain/a/20211001a00ug700）

1.3

如何减轻地震灾害？

面对地震，人类也并非束手就擒，通过各种方法已经能将地震的危害

图1-5 汶川地震造成的山体滑坡

（图片来源：http://www.imde.ac.cn/mtjj_2015/201504/t20150430_4347385.html）

慢慢减小。地震带来的三种主要地震灾害中，对于地表破裂和滑坡，可以通过地质调查，找到可能发生地表破裂和滑坡的区域，避开灾害发生。而对于地震波直接造成的大量房屋倒塌，人类经历了从"以刚克刚"的传统抗震技术到"以柔克刚"的结构振动控制技术的演变。

1.3.1 "以刚克刚"的传统抗震技术

20世纪70年代，技术革命向存在地震危险的美国、日本等国家扩展，防震技术有了长足发展，产生了传统抗震技术。传统建筑物抗震技术是通过增大梁柱截面的尺寸、增加梁柱配筋和提高建筑材料强度等方法，利用结构各构件的承载力和变形能力抵御地震作用，吸收地震能量（图1-6）。简而言之即是"硬抗"！

传统抗震技术虽然能避免一定程度的地震倒塌，但这种"以刚克刚"的办法会导致结构刚度越大，由地面向上部结构传递的地震作用越强的结果。通过"硬抗"方法设计的房屋常会因实际烈度等于或超过当地设防烈度而使房屋遭受破坏甚至倒塌，不可避免会造成结构自身损害，对于保护

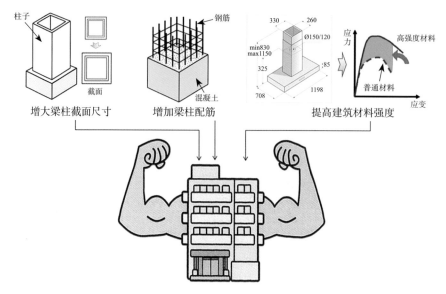

柱子

截面

增大梁柱截面尺寸

钢筋

混凝土

增加梁柱配筋

330   260
Ø150/120
min830
max1150
325   :85
708   1198

提高建筑材料强度

应力

高强度材料

普通材料

应变

图1-6　传统抗震技术

结构内部重要构件与人员安全有一定的局限性（图1-7）。

在设计烈度内，这种传统抗震体系能避免结构倒塌，但当遭遇超过设计烈度的地震时，将可能导致成片建筑结构倒塌，引发地震灾难，如图1-8所示。

在地震作用下，传统抗震结构钢筋屈服和混凝土出现裂缝，结构出现延性，导致建筑物结构在震后难以修复，虽未倒塌但失去使用功能，成为"站立着的废墟"，如图1-9所示。

地震作用

建筑的损伤

图1-7　结构通过建筑自身的损伤消耗地震能量

神奇的能量转移与耗散——结构振动控制

图 1-8　建筑结构倒塌

（图片来源：https://baijiahao.baidu.com/s?id=
1696588481439338490&wfr=spider&for=pc）

图 1-9　结构破损严重

（图片来源：https://baijiahao.baidu.com/s?id=
1696588481439338490&wfr=spider&for=pc）

1.3.2 "以柔克刚"的结构振动控制技术

地震的真面目是能量。大地震时，从地基进入建筑物的能量会给建筑物自身带来变形和冲击（响应加速度），向建筑物内的"人"和"物"传达冲击。地震的能量异常巨大，一次 8.0 级地震所释放的能量相当于 5600 颗广岛原子弹爆炸的能量。对付这样狂暴无控的灾害敌人，减轻"建筑物"和"人"的损害，"硬抗"的效果总是有限的，"以柔克刚"才是最佳的选择。

1.什么是振动控制技术？

1972 年，美国学者 Yao 结合现代控制理论，首先提出了结构振动控制的概念，开创了结构主动控制研究的里程碑。

振动控制技术正是基于"以柔克刚"的理念而建立起的新型防震技术。工程振动控制技术，是指在结构的某个部位设置一些控制装置，当结构振动时，被动或主动地施加与结构振动方向相反的质量惯性力或控制力，从而迅速减小结构振动反应，消耗地震能量以满足结构安全性和舒适性的要求。该技术主要是为满足高层建筑、超高层建筑、电视塔等高耸建筑结构的抗风、抗震要求。振动控制技术不仅能有效地避免结构地震倒塌，还能很好地保护结构内部构件与人员的安全，使建筑结构成为地震中的安全岛。

2.振动控制技术的分类

按照是否需要外部能源输入，振动控制技术可分为被动（Passive）控制、主动控制（Active control）、半主动控制（Semi-active control）以及混合控制（Composite control）[1]。

（1）被动控制技术

被动控制技术不需要外部能源，其控制力是由控制装置与结构相互运动产生的，利用控制装置运动耗散地震能量或隔离振动，从而减轻结构动力响应。因其构造简单、造价低、易于维护且无需外部能源支持等优点而引起广泛关注，许多被动控制技术已经日趋成熟，并已在实际工程中得到应用。被动控制总体上可分为消能减震、基础隔震和被动调谐控制三类。

消能减震是在结构中某些部位设置对晃动具有强度和阻尼器性能的耗能元件或耗能结构，抑制建筑物变形，并利用这些装置吸收、消耗地震输入能量的方法。消能减震装置主要有：金属屈服阻尼器、摩擦阻尼器、黏弹性阻尼器、黏性液体阻尼器、耗能支撑、耗能隔震墙等[2]（图1-10）。

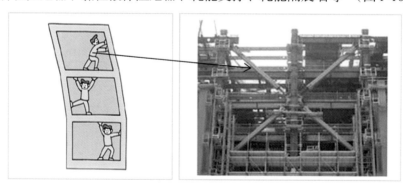

图1-10　消能减震-耗能支撑

基础隔震是把建筑物从地震的摇晃中隔离出来，通过将建筑物安装在隔震装置上，使地震的摇晃难以传递到建筑物上，是确保建筑结构安全性的重要技术。目前，研究和应用较为广泛的隔震装置主要有夹层橡胶垫隔震装置（图1-11）、滑动式隔震装置、粉类垫隔震装置、铅塞滞变阻尼器隔震装置、钢滞变阻尼器隔震装置、基底滑移隔震装置、悬挂基础隔震装

图1-11　基础隔震-橡胶垫隔震

置和复合隔震装置等。

被动调谐控制是利用设置在主结构上的子结构的振动，产生与输入外力反向的控制作用，来抑制主结构的摇晃的控制技术。这类技术的共同点都是使地震输入结构的能量部分转移到附加的子结构上，从而减小主结构的振动响应，达到在强风作用下抑制超高层建筑摇晃，确保居住空间舒适的目的。被动调谐技术主要包括被动调谐质量阻尼器（TMD）（图1-12）、调频液体阻尼器（TLD）、液压-质量振动控制系统（HMS）和悬吊质量子系统等[2]。

（2）主动控制技术

主动控制技术是集传感器、控制器、作动器与结构为一体，以减振和降噪为目标的智能技术。结构主动控制是一种需要外部提供能量的结构控制技术，其工作原理是信息采集系统（传感器）采集结构的动力响应和

图1-12　被动调谐控制–被动调谐质量阻尼器

外部激励，将采集信息送入控制系统（控制器），控制系统根据给定的控制律算出所需施加的控制力，并发送控制信号给驱动系统（作动器），给结构施加所需的控制力，从而达到控制结构振动响应的目的[2]（图 1-13）。结构主动控制能够保护主体结构，还在保护重要构件、灵敏仪器设备等方面发挥着重要作用。

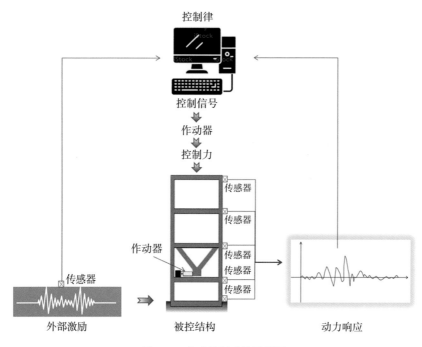

图 1-13　主动控制系统示意图

（3）半主动控制技术

半主动控制技术是在被动和主动控制装置之间进行了折中，控制的原理与结构主动控制的基本相同。半主动结构控制是借助少许能量调节控制装置，巧妙地利用结构振动控制的往复相对变形或相对速度，通过改变振动体系的刚度或阻尼特性实施反馈控制的技术（图 1-14）。它并不直接向受控结构输入强大的机械能，控制装置一般为参数可调的被动装置。半主动结构控制有变刚度控制、变阻尼控制和变摩擦控制等多种。

（4）混合控制技术

混合控制技术是在一个结构上同时采用被动控制和主动控制系统。被

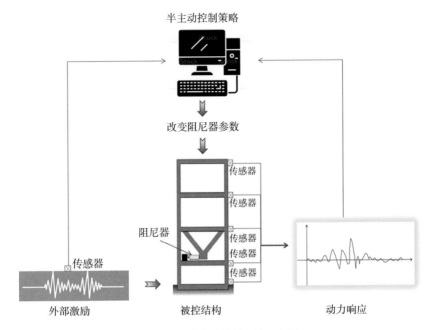

半主动控制策略

改变阻尼器参数

传感器

阻尼器

传感器

传感器

传感器

传感器

传感器

外部激励

被控结构

动力响应

图1-14 半主动控制系统示意图

动控制简单可靠，不需要外部能源，经济易行，但控制范围及控制效果受到限制。主动控制的减振控制效果明显，控制目标明确，但需有外部能源，系统设计要求较高，造价较高。把两种系统混合使用，取长补短，可达到更加合理、安全、经济的目的。

1.3.3 振动控制技术与传统抗震技术的比较

传统的抗震方法存在很多局限性，振动控制技术能为结构抗震提供一种崭新的有效、经济、简单的抗震方法而引人瞩目[2]。用日常生活中，以我们要接住一个快速飞来的球为例子，来说明传统抗震技术和振动控制技术的不同。

如图1-15所示，有三种不同的接球方式。

第一种，当我们用力固定住身体，保持姿势不变，接住飞来的球时，手或者胳膊等部位会由于受到很大的冲击，感觉到疼痛，甚至受伤。这主要是由于球的动能，在被接住的瞬间，全部传递到接球人的身上，接球人

整个身体固定住，忍受冲击　　接球的手，沿球运动方向　身体与地面隔离，接到球后，整个
　　　　　　　　　　　　　缓冲一段，吸收冲击　　　　身体沿球运动方向滑移，逃离冲击

传统抗震技术　　　　　　　　减震　　　　隔震

振动控制技术

图1-15　振动控制技术与传统抗震技术的比较

要通过自身的损伤来消耗掉这些能量。

第二种，在接住球的瞬时，接球人的手、胳膊或者身体某一部位，发生运动，例如手接住球后回缩一段距离，这样就会减轻球带来的很大的冲击，使接球人避免受伤。这主要是由于球的一部分动能，转移成身体某一部位的动能被吸收掉，从而削弱需要自身的损伤来消耗能量。

第三种，接球人穿着轮滑鞋接住飞来的球时，轮滑鞋会带着身体在地面滑行一段距离，逃离球带来的很大的冲击。这主要是由于球的动能全部转移成接球人整体的滑移动能，接球人不需要自身的损伤来消耗能量。

从上面的例子不难看出，第二种和第三种接球方式，能够减轻球的冲击作用，避免接球人受伤。把这个接球的例子中的人看作是建筑结构，而快速飞来的球带来的动能看作是地震释放的能量。那么，第一种以"以刚克刚"的方式，就是传统抗震技术。第二种通过子结构吸收外部能量，削弱主结构的振动的方式，就是消能减震。第三种通过将主结构与地面隔离，减少外部能量向主结构的输入，避免结构损伤，就是基础隔震。

II

被动振动控制
——"高楼抗振神器"

本章主要介绍被动控制技术。被动控制技术种类十分丰富，消能减震和基础隔震的相关研究和应用已经比较成熟，在不少书籍中都有详细介绍。随着社会的不断发展，高层、超高层建筑以及各种跨江跨海大桥的出现，被动调谐质量阻尼器发挥了非常重要的作用。本章针对被动调谐质量阻尼器展开详细介绍，揭开其神秘的面纱。

　　不把地震作用作为荷载而是作为能量来考虑，不是把被控结构的一部分的变形缩小，而是以转移和消耗输入到被控结构中的地震能量作为最终目的，这是非常重要的，也是被广泛采用的振动控制思路。被动调谐质量阻尼系统的减震机理充分体现了这种振动能量的转移和耗散的思想。

2.1
神奇的能量转移和吸收

2.1.1 被动调谐质量阻尼器是什么？

　　被动调谐质量阻尼器（Tunes Mass Damper，简称TMD）1909年作为振动控制装置被提出，主要用于控制机械的振动，后来才逐渐被引入到建筑结构振动控制中，是一种安装在结构中特定位置，以便在发生地震或大风等强外力作用时，将结构振动幅度降低到可接受程度的被动控制装置。被动调谐质量阻尼器是目前大跨度、悬挑与高耸结构振动控制中应用最广泛的结构被动控制装置之一。

　　TMD系统是由固体质量、弹簧/绳索和阻尼元件组成的振动控制系统，支撑或悬挂在需要振动控制的主结构上。它的惯性质量一般为结构第一模态质量的0.5%～1.5%，可以采用钢、铅、混凝土制作。

神奇的能量转移与耗散——结构振动控制

2.1.2 摩天大楼如何靠它屹立不倒？——小共振，大作用

根据物理定律，我们知道当外力作用于结构时，比如风推动摩天大楼，就一定会产生加速度。因此，摩天大楼里的人会感觉到这种加速度（晃动）（图2-1）。为了让建筑物的居住者感觉更舒适，调谐质量阻尼器被放置在结构中，用来抑制建筑物的晃动，有效地使建筑物相对静止。

图2-1　摩天大楼的晃动

TMD系统的控制策略为应用子结构与主结构控制振型共振达到吸收能量的目的，并应用耗能阻尼材料或装置消耗子结构的振动能量，在不断吸收建筑结构能量和消耗子结构振动能量中降低主结构的动力响应（图2-2）。

TMD作为子结构附加到主结构上，当主结构在外界激励力的作用下开始振动或摇摆时，它通过弹簧将TMD置于运动状态。并且，由于惯性的作用，当建筑物被推向右侧时，TMD同时将其推向左侧，当建筑物被

图2-2　被动调谐质量阻尼器工作原理

推向左侧时，TMD同时将其推向右侧（图2-3）。理想情况下，TMD与结构的频率和振幅应接近匹配，以便每次风推动建筑物时，TMD对建筑物都产生相等和方向相反的推动作用，使其水平位移（或垂直位移）保持在接近零的位置。通过这样的方式实现将主结构振动的一部分能量转移给TMD的振动来消耗，使主结构的各项振动响应（振动位移、速度和加速度）大大减小，达到控制主结构振动的目的[2]。同时，TMD系统中设置的衰减器等也会消耗振动能量，进一步抑制结构的振动。

TMD的有效性取决于质量比（TMD与结构本身的质量比）、TMD的频率与结构的频率之比（理想情况下等于1）以及TMD的阻尼比（阻尼装置耗散能量的程度）。如果TMD和被控结构的振动频率明显不同，TMD会产生与风的推力不同步的推力，建筑物的运动仍然会让居住者感到不舒服。

大跨度结构（桥梁、观众看台、大楼梯、体育场屋顶）以及细长的高层结构（烟囱、高层建筑）往往很容易在其基本振型之一的高振幅下受到激励甚至产生共振，例如风或行进和跳跃的人，调谐质量阻尼器（TMD）可以非常有效地降低这些振动。

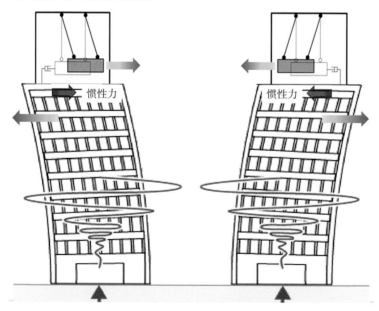

惯性力　　　　　惯性力

图2-3　TMD工作机理示意图

2.1.3 被动调谐质量阻尼器有哪些类型？

TMD有水平调谐质量阻尼器和垂直调谐质量阻尼器两种基本类型。这两种类型具有相似的功能，尽管在机制上可能略有不同。

1.水平调谐质量阻尼器

水平TMD通常存在于细长建筑物、通信塔、塔尖等中，由黏滞阻尼器、钢板弹簧或摆锤悬架组成，用以承受外部水平方向和扭转激励（图2-4）。

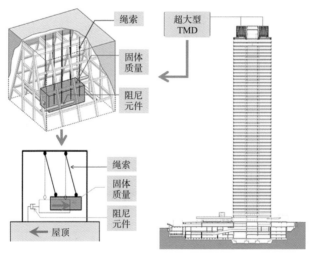

图2-4 水平TMD系统

2.垂直调谐质量阻尼器

垂直TMD通常用于桥梁、楼板和人行道等大跨度水平结构。如图2-5所示，是一个用来降低桥梁结构垂直振动的垂直TMD系统。垂直调谐质量阻尼器（TMD）是螺旋弹簧和黏滞阻尼器的组合。

竖向力（地震、风或行人荷载）作用下，桥梁受到激励并发生垂直位移。当结构开始上下振动时，TMD通过弹簧启动，反作用力将桥梁推向相反方向。当桥梁向另一个方向运动时，也会发生相同的情况。每当桥梁

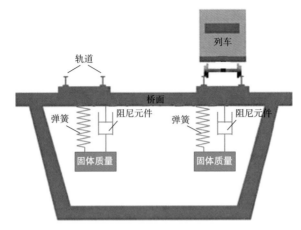

图 2-5　垂直 TMD 系统

试图在垂直方向上振动时，TMD 提供的反作用力，都将使其在更短的时间内停止振荡，并更快地稳定下来。如图 2-6 所示。

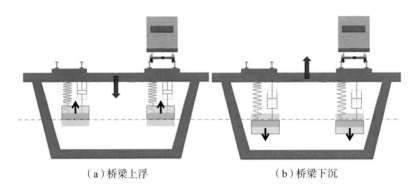

（a）桥梁上浮　　　　　　　　　（b）桥梁下沉

图 2-6　垂直 TMD 系统工作原理

2.2
抗振神器的应用

2.2.1 抗振神器的应用范围

自 20 世纪 70 年代以后，TMD 系统开始大量应用于土木工程结构的减振控制（图 2-7）。调谐质量阻尼器主要用于以下应用：

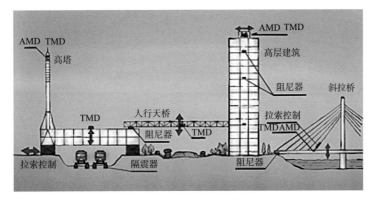

图2-7　TMD系统应用情况

（1）高耸细长的独立式结构，例如高层结构、电视塔、桥梁、烟囱、大跨空间结构以及连廊、桥梁等结构物。这些形状的结构往往比较柔，自振周期较其他结构要大，很容易在风等外部荷载作用下，产生共振。这也是使用了二十多年的虎门大桥"摇摇晃晃"的主要原因。

（2）楼梯、观众看台、人行天桥等结构会受到外部有规律的动荷载的作用，引起结构的振动。这些振动通常不会对结构本身造成危险，但可能会让人非常不愉快。

2.2.2 在世界著名高层建筑中的应用

美国最早开始进行振动控制理论的研究，将TMD系统应用到了高层建筑。随着人们居住空间越来越多地向空中发展，高层乃至超高层建筑层出不穷，TMD系统有了其用武之地。从世界高层建筑与都市人居学会（Council on Tall Buildings and Urban Habitat，CTBUH）的统计来看，超高层采用的阻尼器类型有48%采用TMD系统减振，并经历了不同台风考验和大地震考验（图2-8）。故可以预见TMD系统的前景广阔。从地域分布来看，采用TMD系统的建筑结构主要集中分布在台风地区、地震多发地区。

1.大圆球也能抗振吗？——台北101大厦

我国台北101大厦位于地震与台风高发区，大楼总高度508m，共101

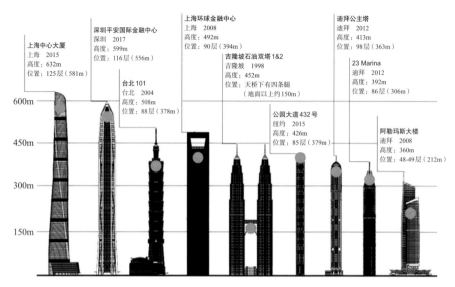

图 2-8　应用 TMD 的世界超高建筑

（图片来源：https://www.163.com/dy/article/F9PG684Q0516M7S1.html@CTBUH）

层，属于超高层建筑（图 2-9）。如果风力强，造成结构的振动大，将使住户产生不适感，所以为了降低建筑物振动反应，在 87 层的一个房间内挂有一个 TMD 系统（图 2-10、图 2-11）。它能将建筑物的地震响应减小 40%[3]。该 TMD 系统是世界上第一个引入建筑关键视觉元素的 TMD。重现期为 6 个月的峰值加速度从 $7.9 \times 10^{-3}g$ 减小到 $5.0 \times 10^{-3}g$。

这个阻尼器直径 5.5m，重达 660t，是 101 大厦的镇楼之宝，定楼神器。

TMD 支架周围也设置了 8 支斜向的大型油压黏滞阻尼器，其

图 2-9　台北 101 大厦

（图片来源：https://baijiahao.baidu.com/s?id=1642662
435242597926&wfr=spider&for=pc）

神奇的能量转移与耗散——结构振动控制

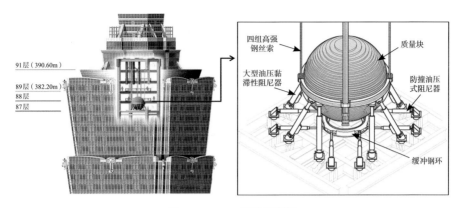

图 2-10 TMD 系统示意图

（图片来源：https://baijiahao.baidu.com/s?id=1642662435242597926&wfr=spider&for=pc）

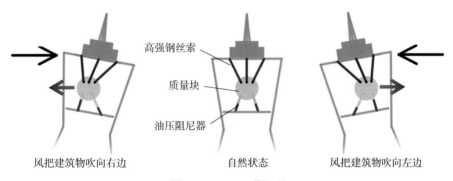

风把建筑物吹向右边　　　　　自然状态　　　　风把建筑物吹向左边

图 2-11 TMD 工作机理

功能在于吸收球体质量块摆动时的冲击能量，减少质量块的摆动。

为了避免强风及大地震作用时质量块摆幅过大，TMD 下方放置了一个可限制球体质量块摆动的缓冲钢环，以及 8 组水平向防撞油压式阻尼器，一旦质量块摆动振幅超过 1.0m 时，质量块支架下方的筒状钢棒就会撞击缓冲钢环以缓解质量块的运动。

2. 上海中心大厦 125 层的"抗风神器"为何摆动？

上海中心大厦中首次采用电涡流单级摆 TMD，其质量块重达 1000t，是目前已建成的最大阻尼器，也是电涡流和可变阻尼在被动式 TMD 首次应用（图 2-12、图 2-13）。工作原理如下：导体在磁场中运动时，由于其感生电动势的作用，磁场总是阻碍导体运动。将块状导体在磁场中运动的

 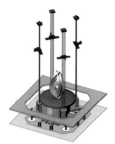 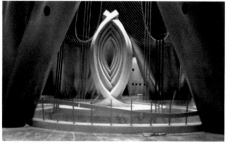

图2-12　上海中心大厦"抗风神器"

（@RWDI）

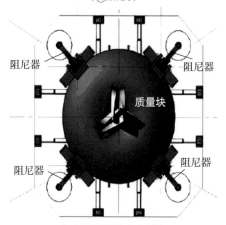

（a）阻尼器平面示意图

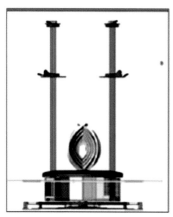 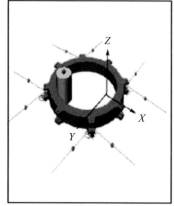

（b）阻尼器立面示意图　　　　（c）阻尼器纤维环示意图

图2-13　电涡流阻尼器和限位环示意图

（@RWDI）

机械功在电涡流阻尼过程中通过导体的电阻热效应被消耗掉，从而产生电涡流阻尼耗能作用[4]。

3.西半球最高住宅大厦的"镇楼神器"

纽约432 Park Avenue（图2-14）高度为426m，高宽比1:15，采用2个600t的可变回复力单摆TMD（图2-15）。本项目中黏滞阻尼器连接主要质量块和主体结构，在TMD相对时，黏滞阻尼器连杆伸长或者缩短，一部分振动的能量被吸收并以热能形式耗散。（资料来源：https://www.163.com/dy/article/F9PG684Q0516 M7S1.html）

图 2-14　纽约 432 Park Avenue

（@Marshall Gerometta）

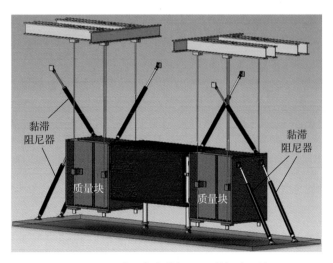

黏滞阻尼器　质量块　黏滞阻尼器　质量块

图 2-15　可变回复力单摆 TMD 的概念设计

（@RWDI）

4.世界上最"瘦长"的摩天高楼为何能屹立不倒？

纽约 111 West 57th Street（图2-16）高度达到435m，是世界上目前最纤细的建筑，高宽比达到1:24.3。采用双级摆（Dual-stage Pendulum TMD）（图2-17），总质量为800t。双级摆包括两个质量块组件，其中一个质量块由缆索悬挂支撑，另一个由关节式支撑杆支撑，这种相关联运动的方式使得整个系统能够在接近结构自振频率的预计频率下运动。双级摆TMD比单质量块节约大量的空间。（资料来源：https：//www.163.com/dy/article/F9PG684Q0516M7S1.html）

图2-16　纽约 111 West 57th Street

5.阿联酋的战区导弹防御系统

阿联酋有许多著名的建筑物采用TMD。七星级酒店 Burj Al-Arab 是其中标志性建筑之一。如果不是在TMD的帮助下，我们可能永远也看不到这家著名酒店今天的样子。由于该建筑靠近大海，其几何结构容易受到风漩涡脱落的影响，其外骨骼弓形特征受到极高振动的挑战。最初的想法

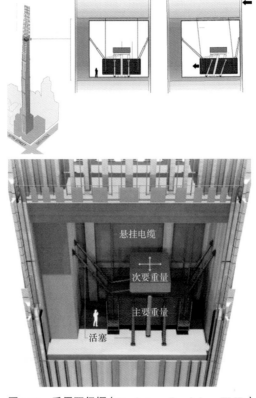

悬挂电缆

次要重量

主要重量

活塞

图2-17　采用双级摆（Dual-stage Pendulum TMD）
（@Sources：SHoP Architects，WSP）

是改变建筑物的形状，但建筑师强烈驳斥了这一提议，因为这将损害建筑物最初的概念形象。该问题通过使用11个分散在建筑物外部特征的5t水平TMD得到解决（图2-18）。（资料来源：http://www.360doc.com/content/19/0812/21/49586_854494080.shtml）

　　阿联酋另一个使用TMD的著名建筑是谢赫扎耶德路附近的阿联酋塔楼。塔楼的顶部塔尖上安装了6个1.2t水平调谐质量阻尼器，以控制细长结构引起的振动（图2-19）。

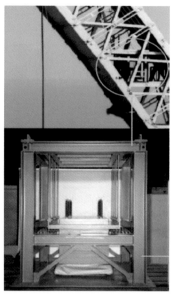

图 2-18　Burj Al-Arab 5t TMD（GERB 振动控制系统）的一些位置

（图片来源：http://www.360doc.com/content/19/0913/01/21414832_860681973.shtml）

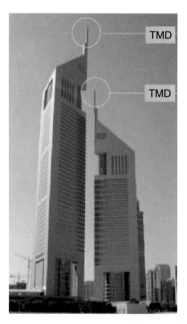

图 2-19　阿联酋塔楼

（图片来源：http://www.360doc.com/content/19/0913/01/21414832_860681973.shtml）

2.2.3 在桥梁中的应用

1."摇晃桥"不摇晃——伦敦千禧桥

由于缆索体系桥梁的跨度较大，桥梁结构更轻更柔，结构的阻尼特性减弱，导致风、车辆及人群荷载等因素激励下结构响应值加大，极易产生桥面开裂，造成行人心理恐慌，降低桥梁耐久性。故常需要增加结构的阻尼来抑制风振，常采用被动控制TMD等。TMD通过在振动的构造物上安上固定质量，晃动固定质量来抑制构造物晃动。桥梁结构上安装TMD，可有效转移外载激振能量，减少桥梁振动破坏[5]。

为纪念进入新千年，在泰晤士河上建设了一座新颖别致的景观桥，2000年6月10日正式开放（图2-20）。千禧桥是一个简约、纤细的设计别致的悬索桥。桥梁在造型艺术和结构形式上都有不少的创新，设计师在结构和动力设计上都是遵循规范的，但是在开通第一天就出现了共振现象。千禧桥开放当天大约有10万人聚集在千禧桥附近，据说最多的时候有2000人在桥上。当行人刚刚开始通过桥梁的时候，突然发现桥梁发生横向的侧移，而且移动变得非常之大，人在桥上难以保持平衡，因此千禧

图2-20　伦敦千禧桥

桥也得到了"摇摆桥"的绰号。

伦敦千禧桥通过安装TMD，使桥梁的振动得到控制。桥上共安装了50个质量为1000～2000kg的垂直TMD（图2-21、图2-22），安装了8个质量为2500kg的水平TMD（图2-23、图2-24）。

图2-21　垂直TMD安装

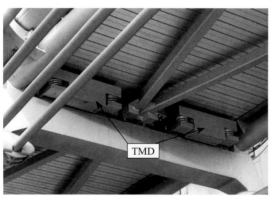

图2-22　安装在桥梁下方的垂直TMD

2.世界上最长的跨海大桥——港珠澳大桥扛住16级强风的考验

港珠澳大桥是世界上最长的钢铁大桥，设计使用寿命长达120年（图2-25）。而伶仃洋海域是台风活跃地，每年超过6级风速的时间接近200天。调谐质量减振器（TMD）减振系统成功应用于港珠澳大桥，是港珠澳

图2-23 水平TMD安装

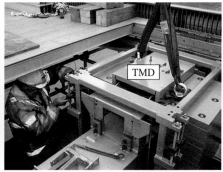

图2-24 水平TMD调试

图2-25 港珠澳大桥

大桥得以成功抗击16级强风"山竹"侵袭的关键技术。

在7.5km的桥箱内,把92个调谐质量阻尼器(TMD)的弹簧挂在钢箱梁里面的框架上,将桥梁阻尼比增加到了平均1.4%(图2-26)。悬挂质量块时用弹簧吊起,TMD的频率与钢箱梁频率非常接近。当风吹来时,引发桥体振动,这时候挂着的质量块会自动反相位振动,"桥往上它往下,桥往下它往上,弹簧进而不断拉长、压缩"。和弹簧并联的阻尼器是耗能器,在这个过程中消耗掉能量并转化成热量,实际上风能也随之转化成热量。所以"山竹"台风来临时桥体振动很小,桥的安全得到保障。(资料来源:南方都市报 https://news.southcn.com/node_17a07e5926/51b2c302d9.shtml)

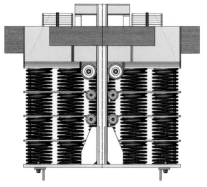

图2-26　港珠澳大桥调谐质量减振器

　　随着社会的飞速发展，高层乃至超高层建筑层出不穷，形式各异的桥梁越来越多，越来越长，TMD系统有了其用武之地。但TMD系统自身也有不足和缺陷，需要不断地对其进行研究和改进，让其更好地为人类服务。

第3章

主动振动控制
——全智能化抗振的
建筑结构

3.1
智能结构：主动控制怎么实现

主动控制是指在地震中建筑物摇晃时，有意识地向建筑物施加"消除地震引起的振动的力量"，从而控制建筑物摇晃的方法。因为是"主动（积极）地抵抗振动"，所以叫做主动控制（图3-1）。

图3-1　主动控制示意

被动结构振动控制是一种无外加能源控制，其控制力是控制装置与结构相互运动产生的。不同于结构的被动控制，结构主动控制需要将外部能量转变为主动控制力直接作用于被控结构上。结构主动控制是由信息采集系统（传感器）、计算机控制系统（控制器）和动力驱动系统（作动器）三个子系统组成（图3-2）。信息采集系统用来实时采集结构反应或（和）环境干扰，计算机控制系统用来计算结构所需的控制力，动力驱动系统用来施加荷载作用。这三个子系统与结构一起组成的整体系统，称为结构主动控制系统或结构主动振动控制系统。

主动控制系统减振机理（图3-3）：

（1）传感器实时感知结构动力反应和外部激励，并将感知信息传入计算机。

神奇的能量转移与耗散——结构振动控制

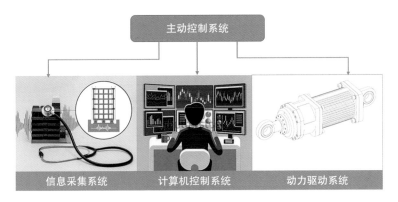

图3-2 主动控制系统的组成

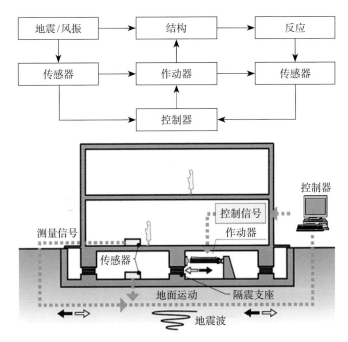

图3-3 结构主动控制

（2）计算机根据给定的算法计算出结构所需控制力的大小，并输出控制指令给作动器。

（3）作动器利用外部能源驱动产生所需的控制力施加于结构，使得结构的振动停止。

一方面，主动控制利用外部能量，抵消和耗散风、地震等荷载和作用引起的结构振动能量，能够保护主体结构，还在保护重要构件、灵敏仪器设备等方面发挥着重要作用[7]。另一方面，主动控制能够利用的外部能量是有限的，相应地可以抵消的地震作用也是有限的。因此，比起控制地震作用，主动控制对风荷载的振动控制效果最好。经过多年的研究，已经验证了结构主动控制效果要比结构被动控制好得多。但由于结构主动控制系统一般需要很大的能源驱动，在土木工程结构中的应用仍有一定的困难。

3.2
智能的主动控制系统构成与应用

如果将信息采集系统比作"耳、目"，用来观测结构受到外力作用后的响应；将控制系统比作"头脑"，用来思考应采取的抵御方法；将驱动系统比作"肌肉"，用来实施具体的抵御措施，那么主动振动控制系统就是一个全智能化抗振的建筑结构（图3-4）。

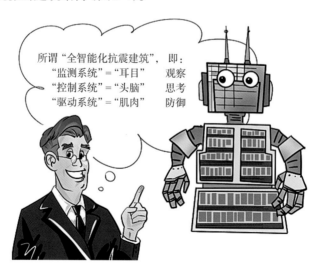

图 3-4　全智能化抗振建筑结构

目前，根据结构主动控制结构中驱动系统（作动器）的类型不同，可将结构主动控制系统分为以下几主要类型：主动质量阻尼（AMD）系统，主动拉索/支撑系统（ATS/ABS）和主被动混合调谐质量阻尼器（HMD）系统[8]。

3.2.1 "智能的抗振神器"：主动质量阻尼（AMD）系统

1.主动质量阻尼是什么？

主动质量阻尼器（AMD）通常包括惯性质量块、刚度元件、阻尼元件（可以没有）和能够施加主动控制力的作动器，一般设置在结构的顶部（图3-5）。

主动质量阻尼器是通过主动移动安装在建筑物上的质量块，在主体结构和质量块之间提供一对控制作用力（主动控制力，反作用力），来人为调整主体结构与质量块之间的能量分配，使大部分地震或者风荷载输入能量转移到质量块，并通过质量块的振动耗散控制建筑物摇晃，保护主体结构的安全（图3-6）。

图3-5　标准主动质量阻尼系统

与设置被动调谐质量阻尼器（TMD）的结构相比，主动质量阻尼（AMD）系统是增设信息采集系统、控制和驱动系统而形成的一种主动控制系统（图3-7），该系统在高层建筑、电视塔和大型桥塔结构的风振和地震响应控制应用中取得了很大的成功。

2.世界上第一栋采用AMD系统的建筑

1989年，日本建成了世界上第一栋采用主动调谐质量阻尼控制的11层办公楼——京桥成和（Kyobashi Seiwa）大厦[9]，该建筑顶层设置了两个悬吊式的主动调谐质量阻尼器，该阻尼器通过吊杆悬挂质量块形成吊摆，吊摆两端设置最大行程1m和最大控制力10t的作动器。其中，顶层中部的主动调谐质量阻尼器质量为4t，用于控制结构的侧向振动；顶层侧部

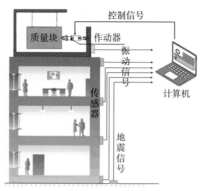

（a）结构未发生振动

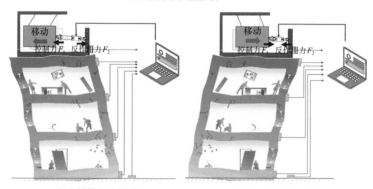

（b）结构向左振动　　　　　　　　　（c）结构向右振动

图3-6　AMD系统工作概念图

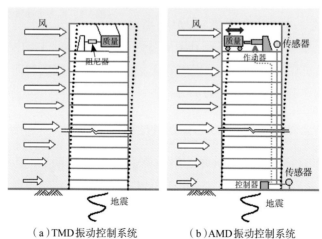

（a）TMD振动控制系统　　　　　　　（b）AMD振动控制系统

图3-7　被动控制TMD和主动控制AMD的比较

的主动调谐质量阻尼器质量1t，用于控制结构的扭转振动（图3-8）。迄今为止，该主动调谐质量阻尼器仍然被使用在此大厦中，并有着优异的控制效果。

（a）Kyobashi siseiwa大厦　　（b）AMD控制系统布置　　（c）AMD控制系统构造

图3-8　世界上第一栋应用AMD系统的日本京桥成和（Kyobashi siseiwa）大厦

3.我国第一栋采用主动调谐质量阻尼控制的高耸结构

1995年，我国与美国合作研发了用于风振控制的南京电视塔的主动调谐质量阻尼系统，是我国第一栋采用主动调谐质量阻尼振动控制系统的结构[10]。南京电视塔是一座以广播电视发射为主，兼顾旅游观光等功能的混凝土高耸结构物，塔高310.1m，总质量30852t，在塔高169.78m处的大塔楼内设置有旋转餐厅，小塔楼是贵宾厅，位于253.48m处，在八级风（10年一遇风速20.7m/s）作用下，小塔楼处的加速度达到0.209m/s²，超过了国际上的舒适度标准（小于0.15 m/s²）。为了控制结构的振动，该结构在小观光平台内设有圆环支撑式主动调谐质量阻尼振动控制系统，质量块为圆环形（图3-9），作动器（控制机构）采用3个，在水平面内每隔120°布置一个[11]。

国内外采用主动调谐质量阻尼控制的结构如表3-1所示。

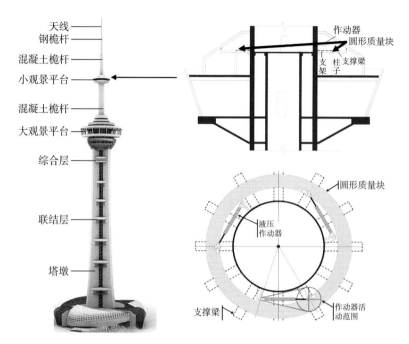

图3-9　南京电视塔

国内外采用主动调谐质量阻尼控制的结构　　　　　表3-1

结构名称	地点	建成年份	建筑规模	建筑用途
Kyobashi Center	日本东京	1989	11层33m	办公
Sendagaya INTES	日本东京	1991	11层58m	办公
Applause Tower（Hankyu Chayamachi）	日本大阪	1992	5层86m	控制塔
Porte Kanazawa（Hotel Nikko Kanazawa）	日本金泽	1994	30层131m	办公/旅馆
Riverside Sumigds Central Tower	日本东京	1994	33层134m	办公/住宅
南京电视塔	中国南京	1995	310m	电视塔
Shin Jei Building	中国台北	1999	22层99m	办公

3.2.2 主动拉索/支承系统（ATS/ABS）

主动拉索/支承系统是在拉索/支撑件上安装动力驱动系统，通过在结构中设置传感器，传感器把采集到的结构反应或（和）环境干扰传给控制器，控制器按照预先的控制算法计算主动控制力，再通过动力驱动系统施加给拉索/支承件[12]，通过拉索/支承件的作用力实现对结构的减振控制。图3-10为一个以3层钢框架模型为对象的主动拉索控制模型[7]，该模型取自美国MCEER的主动拉索控制3层钢结构框架。

主动拉索/支承系统可以提供结构横向及扭转控制力，其控制效果较为理想，在地震控制和风振控制方面均有着优异的表现。

图3-10 ATS控制模型

而且主动拉索系统的拉索装置尺寸较小，对于结构空间的要求相较而言不高，因此不必对结构进行很大的改动；主动支撑系统可以采用外部构件或相邻结构作为该装置的反力支撑点，不需要牺牲建筑空间。主动拉索/支承系统适合于对现有结构的加固与改造[13]。

主动拉索/支承系统有优异的控制效果，但是，主动斜撑或主动拉索的控制系统是直接将能量转变为控制力并施加在结构上，这种技术需要很大的能量和多个作动器，在实际工程中较难实现。即便是小型的结构，主动拉索/支承系统所需要的能源都达到数千瓦，若为大型结构，控制系统的能源输入则高达数万瓦，对于能源的需求是比较苛刻的[14]。因此主动拉索/支承系统在实际工程中运用较少。

3.2.3 主被动混合调谐质量阻尼器（HMD）系统

1.什么是主被动混合调谐质量阻尼系统？

主被动混合调谐质量阻尼器是在被动调谐质量阻尼器控制装置上设置主动调谐质量阻尼器，从形式上看是双层调谐质量在运动（图3-11）。

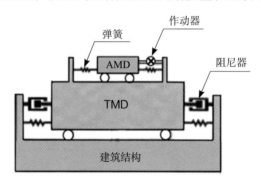

图3-11　主被动混合调谐质量阻尼系统

主被动混合调谐质量阻尼器通过小质量块的快速运动产生惯性力来驱动大质量块的运动，小质量块上主动控制力通过大质量块的调谐放大，从而抑制主体结构的振动，因此主被动混合调谐质量阻尼器具有"四两拨千斤"的功能，它需要的驱动系统出力仅为全主动的主动质量阻尼器和主动调谐质量阻尼器的20%左右。如图3-12、图3-13所示。

当主动控制系统失效时，该复合调谐控制系统仍能继续以被动TMD

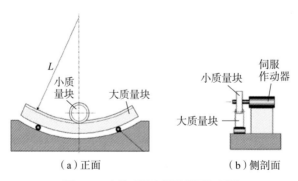

（a）正面　　　　　　　　（b）侧剖面

图3-12　主被动混合调谐质量阻尼器

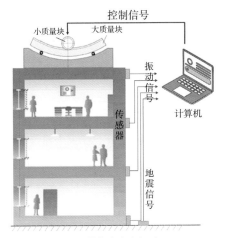

（a）结构未发生振动

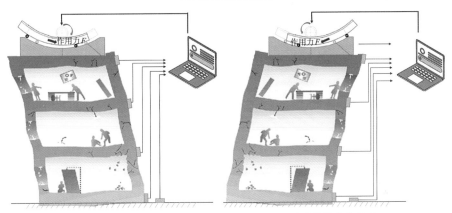

（b）结构向左振动　　　　　　　　　　　　（c）结构向右振动

图3-13　HMD系统工作概念图

方式工作，仍然具有减振效果，因此具有失效但仍安全（fail-safe）的特点。在风振和地震作用下其控制效果为20%～40%，而控制力约为AMD的20%。主被动混合调谐质量阻尼器不仅具有被动调谐质量阻尼器稳定性较强的优点，也具有主动调谐质量阻尼器能对外在激励做控制力调整的特点。

　　主被动混合调谐质量阻尼器中作动器（执行机构）的类型主要为直线电机驱动的主动质量阻尼器（图3-14、图3-15）、旋转电机（图3-16）驱动的主动质量阻尼器和电液伺服作动器驱动的主动质量阻尼器。

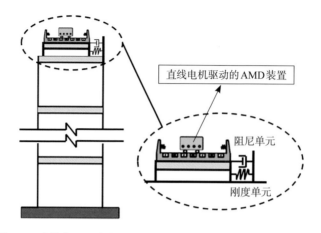

图3-14 直线电机驱动的主被动混合调谐质量阻尼器控制系统示意图

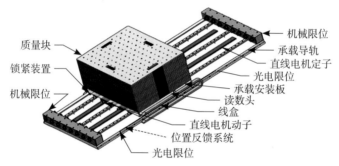

图3-15 直线电机

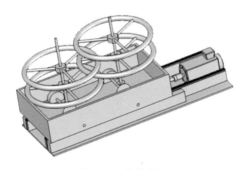

图3-16 旋转电机

2.千吨水箱助广州塔抵御台风"山竹"

广州塔塔身主体高454m，天线桅杆高146m，总高度600m。为防止

"小蛮腰"风中乱扭，工程师们在广州塔顶层安装了两个各540t容量的铁质消防水箱，水箱下面装有轨道并带有控制装置。水箱平时当阻尼器使用，当塔身晃动时，水箱受计算机控制向反方向滑动以消除塔身的晃动。这两个大水箱就是调谐质量阻尼器（TMD），是广州塔减振控制系统的重要部分。另外，对于电视塔146m高的信号发射塔尖，工程师们还额外采用了两个18t重的"小"钢球（AMD），同样作为钟摆式的阻尼以减弱天线的振动。如图3-17～图3-21所示。

通过四两拨千斤，工程师们用这个"巧劲儿"解决了阻尼这个"笨重"的问题。能让广州塔扛得住12级台风和8级地震。减振控制效果约40%以上，为国内首创，达到世界一流水平。2018年第22号超强台风"山竹"破坏力惊人，广州塔仍能"岿然不动"。该建筑是我国在超高层建筑中成功应用混合控制技术的典范。该塔建成后，经历了多次大台风的考验。

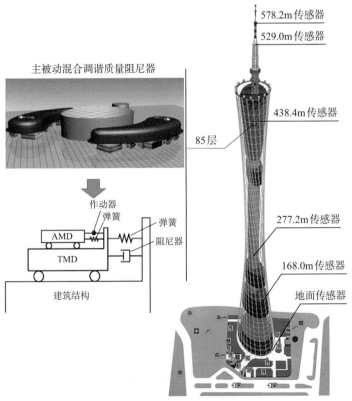

图3-17 广州电视塔控制系统

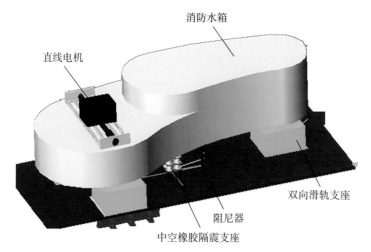

图3-18　广州塔主被动复合控制装置元件

图3-19　直线电机

图3-20　双向滑轨支座

图3-21　两级变阻尼阻尼器

IV

第4章

半主动振动控制
——半智能化抗振的
建筑结构

4.1

半智能结构：半主动控制怎么实现

　　由于直接将能量转变为控制力的主动控制在土木工程中的应用遇到了很大的困难——需要很大的能量转变为控制力，人们不得不转向主动变刚度和变阻尼等机械调节式的半主动控制装置。

　　结构半主动控制（图4-1）也是由信息采集系统（传感器）、控制系统（控制器）和动力驱动系统（作动器）三个子系统组成，与主动控制基本相同。结构半主动控制系统控制时，也是通过传感器首先采集结构的反应或（和）环境的干扰信号传输到控制器中，然后控制器实时地计算半主动控制力，最后控制器按照指令信号，对半主动装置的动力参数进行调节，并利用结构振动过程中的相对变形或速度，尽可能地实现主动最优控制力[6]。

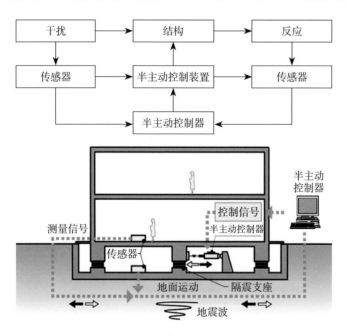

图4-1　结构半主动控制系统

但两者在控制力输出方式上有一定的区别，结构半主动控制是一种根据结构反应和环境干扰的监测结果，对半主动控制装置内部参数进行自动调节的振动控制技术，尽可能地实现主动最优控制力[6]，而不是像结构主动控制直接将外部能源转换成控制力。

4.2
结构半主动控制系统的构成与应用

在外部激励下的结构振动不仅取决于外部激励的特性，结构的阻尼和刚度也起着重要的作用。结构半主动控制系统通过实时调节系统中某些零部件的刚度和阻尼来改变系统固有频率，可避免共振，达到改变结构振动控制的目的。

半主动振动控制工作流程如图4-2所示。

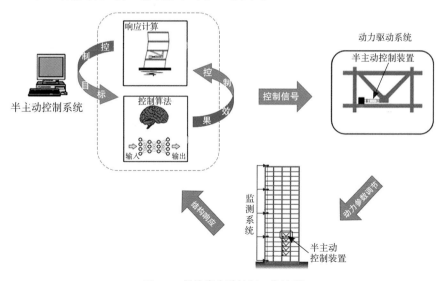

图 4-2　结构半主动控制工作流程

刚度是力与伸长量的比值。从力与变形的角度直观地理解，刚度表示结构抵抗变形的能力，在相同荷载作用下，刚度越大，变形越小（图4-3）。

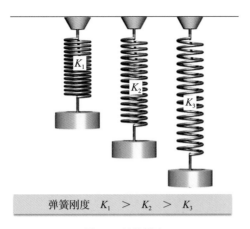

弹簧刚度 $K_1 > K_2 > K_3$

图4-3 结构刚度

　　阻尼一般是指材料或结构受到反复荷载或振动荷载时产生的能量耗散现象。很多都是通过转换成热能来耗散动能的。在无阻尼的情况下，物体会一直振动下去，不会停止（图4-4）。真实的结构物，由于阻尼的存在，会逐步减小结构的振动响应，直到位移为零，结构停止振动（图4-5）。并且，阻尼越大，振动消除得越快。

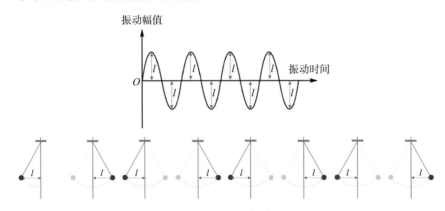

图4-4 无阻尼振动

　　结构半主动振动控制系统根据实施控制力时，调节的半主动控制装置的动力参数（刚度、阻尼）的不同，可分为主动变刚度（AVS）控制系统、主动变阻尼（AVD）控制系统、半主动变刚度阻尼（AVSD）控制系统、磁流变阻尼（MRFD）控制系统等[1]。

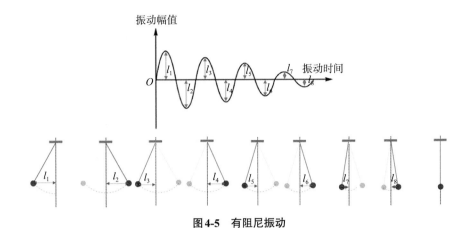

图4-5　有阻尼振动

4.2.1 主动变刚度（AVS）控制系统

主动变刚度控制是一种通过变刚度装置的刚度切换，从而实现减振目的的控制技术。在环境干扰下，设置在结构上的变刚度装置能够根据设计的控制算法进行不同刚度值的切换，实时调整结构的刚度（图4-6），使得结构的动力特性发生改变，并使结构的自振频率远离环境干扰的频率，避免共振现象，以达到减小结构振动的目的[15]。所谓的自振频率是结构自身固有的频率，是结构的自身属性，与环境干扰和初始状态无关；环境

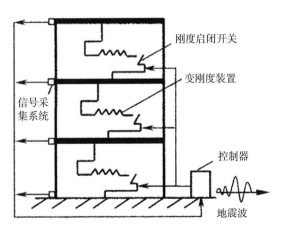

图4-6　主动变刚度结构体系

干扰的频率可以视作地震波、风等外部荷载具有的频率。

从能量角度来说，主动变刚度控制系统是根据结构振动过程中的状态，自动调节刚度大小，从而吸收和释放振动能量。当增加结构刚度时，控制装置可以充分吸收振动能量，当刚度恢复初始状态后，控制装置能够消耗和释放吸收的振动能量。通过变刚度装置能量的消耗和结构特性的变化，可以达到减小结构振动的目的。但是，由于控制时间滞后问题会影响其控制效果，该类控制系统应用于工程实践中较为困难。

1.主动变刚度装置的形式

1990年Kobori等人首先提出了主动变刚度控制的概念，研制了主动变刚度装置[16]，图4-7为Kobori提出的典型的主动变刚度控制装置示意图。该装置由刚度元件（斜撑）、液压缸和电液伺服阀三个主要部分组成，其中斜撑为人字形斜撑，上部通过托梁与结构梁、液压缸相连，下部与结构楼板相连，其刚度即为主动变刚度控制系统能够提供给结构的附加刚度。带旁通管路和电液伺服阀的液压缸可视为阻尼元件，电液伺服阀控制旁通管路的开关状态，对应主动变刚度控制系统的不同刚度状态。

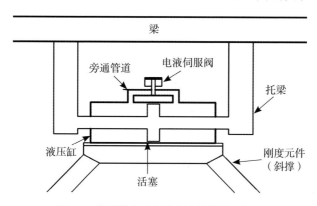

图4-7　典型的主动变刚度控制装置示意图

该装置的原理为：当结构离开平衡位置振动时，电液伺服阀关闭（图4-8b），斜撑和结构梁刚性连接，控制系统给结构附加刚度阻碍结构的运动；当结构向平衡位置接近时，电液伺服阀打开（图4-8a），主动变刚度控制系统不再提供结构附加刚度。主动变刚度控制系统只需要通过操纵电

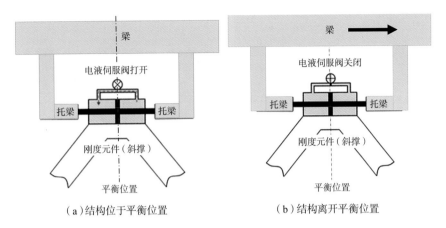

|（a）结构位于平衡位置|（b）结构离开平衡位置|

图4-8 典型的主动变刚度控制装置示意图

液伺服阀的开关来实现不同的刚度状态，它所需的能量非常小，相对于主动控制系统而言较为容易实现。

2.世界上唯一一栋采用AVS控制系统的建筑

1990年，日本首次在东京鹿岛技术研究所的一栋三层钢结构试验大楼上安装了6套主动变刚度控制系统，以提高结构的抗震性能。该建筑经受了多次中小地震，其中的主动变刚度系统在结构控制方面都显示出优异的效果[17]，这也是世界上唯一一栋应用主动变刚度控制系统的工程实例（图4-9）。

4.2.2 主动变阻尼（AVD）控制系统

主动变阻尼控制是一种通过主动调节变阻尼控制装置的阻尼力，从而实现与主动控制接近的减振效果的控制技术[18]。主动变阻尼控制装置是在被动的阻尼器的基础上增设带有电液伺服阀的旁通管路的一种装置，装置中的控制器能够按照主动控制力的计算结果，驱动电液伺服阀对旁通管路的开口大小进行调节，以此提供给结构连续可变的阻尼力，使得阻尼力与主动控制力相等或接近，从而减小结构振动。

主动变阻尼控制系统的控制效果是显著的，但主动变阻尼装置能实现

 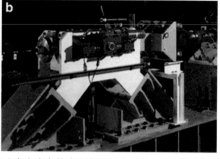

（a）东京鹿岛技术研究试验大楼　　（b）东京鹿岛技术研究试验大楼的主动变刚度装置

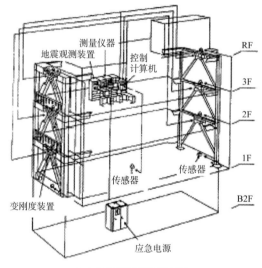

（c）主动变刚度系统布置

图4-9　世界上唯一一栋应用AVS控制系统的东京鹿岛技术研究试验大楼

的控制力是有一定局限的。主动变阻尼装置主要的局限在于控制力的方向是受限制的，因为主动变阻尼装置是以阻尼力的形式提供控制力，需要被动地依赖结构振动的运动速度，所以只能提供与结构运动方向相反（即阻止结构运动）的控制力。由于控制力输出的局限性，主动变阻尼控制系统的控制效果是不如主动控制的。

1.主动变阻尼装置的形式

1992年Kawashima等人[19]、Mizuno等人[20]和Shinozuka等人[21]同时

提出了结构主动变阻尼控制系统，分别研究了建筑结构和桥梁结构主动变阻尼控制的分析方法和控制效果。Symans和Constantinous在1994年研发了首个主动变阻尼装置，其结构形式如图4-10（a）所示，图4-10（b）为简化后的主动变阻尼控制装置示意图。

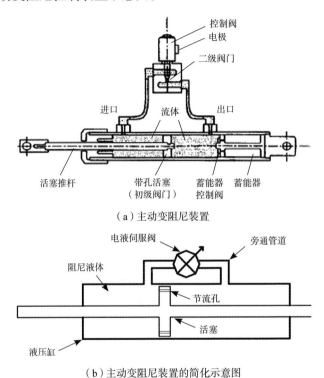

（a）主动变阻尼装置

（b）主动变阻尼装置的简化示意图

图4-10　主动变阻尼控制装置示意图

　　该主动变阻尼装置主要由液压缸、活塞和电液伺服阀三部分组成，其原理为：主动变阻尼装置是通过阻尼器液压缸内的活塞运动，引起活塞左右两侧形成压力差，使阻尼液体在活塞左右两侧的液压缸中运动，形成阻尼力。

　　主动变阻尼装置提供的阻尼力大小与电液伺服阀的开口大小有关。控制过程中，当电液伺服阀完全打开时，阻尼液体能够从旁通管道由一腔运动到另一腔，主动变阻尼装置所能提供的阻尼系数变小；当电液伺服阀完全关闭时，阻尼液体仅能从活塞上的小孔进行运动，减小了阻尼液体在两腔运动的通路，此时主动变阻尼装置能够提供较大的阻尼系数。

2.世界上第一座应用AVD控制系统的连续梁钢桥

1997年，美国首次将主动变阻尼控制装置安置在高速公路I-35连续梁钢桥上，该桥为四跨的连续梁桥。在建成后，I-35桥每日的通车量高达18000台，而且重载汽车较多，这类情况很容易使桥梁产生疲劳效应。因此，Patten等采用主动变阻尼装置来减轻重载车辆引起的振动，实现桥梁结构的抗振加固。该桥梁是美国唯一一个应用主动变阻尼控制系统的工程实例，在多年的通行中表现出了良好的控制效果[22]，如图4-11所示。

主动变阻尼装置

图4-11　世界上第一座应用AVD控制系统的I-35连续梁钢桥

1998年，应用主动变阻尼控制系统的日本Kajima Shizuoka建筑建成，该建筑共设置了8套主动变阻尼控制系统，变阻尼装置的最大阻尼力为1000kN，在实际地震作用下也显示出了良好的控制效果[23]，如图4-12所示。

主动变阻尼控制系统的工程应用相较主动变刚度控制系统多了许多，表4-1为国外部分应用主动变阻尼控制系统的工程实例。

4.2.3 主动变刚度阻尼（AVSD）控制系统

主动变刚度控制装置仅使控制系统的刚度实时地切换，而主动变阻尼控制装置则仅使控制系统的阻尼实时地切换。如果将这两种控制装置有机

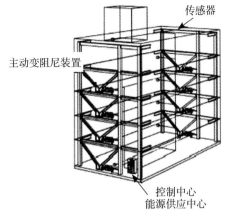

传感器

主动变阻尼装置

控制中心
能源供应中心

（a）日本 Kajima Shizuoka 建筑大楼　　（b）Kajima Shizuoka 建筑的主动变阻尼控制系统

图4-12　应用主动变阻尼控制系统的日本 Kajima Shizuoka 建筑

国外部分应用主动变阻尼控制系统的工程实例　　　　表4-1

结构名称	地点	建成年份	建筑规模	功能
Kajima Shizuoka Building	日本静冈	1998	5层20m	办公
Chuden Gifu Building	日本岐阜	2001	11层56m	办公
Bandaijima Building	日本新泻	2003	31层141m	办公/酒店
Tokyo Head Office Building	日本东京	2003	25层120m	办公
Roppongi Hills Mori Tower	日本东京	2003	54层241m	办公
Shiodome Tower	日本东京	2003	38层172m	办公/酒店
Toppan Forms Building	日本东京	2003	19层100m	办公
Higashi Shinagawa Office Building	日本东京	2003	28层137m	办公
Tokyo Prince Park Tower	日本东京	2004	30层105m	酒店

地结合起来，构成一种新的半主动控制装置——主动变刚度阻尼控制装置，将会取得优于这两种装置中任何一种装置的控制效果。我国的周福霖、谭平等[24]基于上述思想将主动变刚度控制和主动变阻尼控制有机地结合起来，提出了一种崭新的半主动控制技术——主动变刚度阻尼控制系统。通过增加可变阻尼单元，增强了主动变刚度控制装置在释放能量阶段的耗能效果，不仅具有主动变刚度控制系统能够改变结构动力特性避免共振的优点，而且同时又具有主动变阻尼控制系统能够减轻结构振动反应的优点。

4.2.4 磁流变阻尼（MRFD）控制系统

随着智能材料的发展，具有动态特性的磁流变体得到广泛的关注。磁流变体可以通过调节磁场强度的大小来调节自身的流动特性，即随外加磁场的增加，磁流变体的流动特性能够发生显著变化，成为作用力的传递介质，当外加磁场撤去时，磁流变体又恢复到原来的液体状态（图4-13）。磁流变体的响应时间仅为几毫秒，且有着连续、可逆、迅速且易于控制的特性。磁流变体的特性为结构振动控制提供了新思路[25]，磁流变阻尼器这种半主动的智能阻尼控制装置开始得到研发应用。

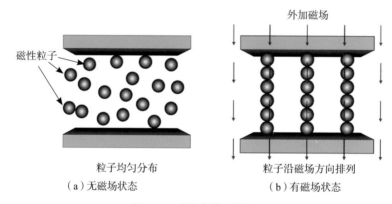

（a）无磁场状态　粒子均匀分布

（b）有磁场状态　粒子沿磁场方向排列

图4-13　磁流变的工作原理

磁流变阻尼器的工作原理为：控制器依据反馈和采集的数据计算出控制力大小，然后以计算结果驱动阻尼器内部的通电线圈，产生电磁感应现象，由于磁场的产生致使阻尼器内部的磁流变体的特性发生变化，从而改变磁流变体的流动特性（即阻尼系数）来调节阻尼力。

目前，许多学者已对磁流变阻尼器的动力力学特性及其应用进行了广泛的理论和试验研究，并成功地应用于实际工程中。磁流变阻尼器已经成为结构振动控制中最有效的半主动控制装置。但是，磁流变阻尼器具有高度非线性特点，该非线性特点仍未有较为适合的理论公式支持，都是依靠试验结果来获取磁流变阻尼器的非线性关系，对于磁流变阻尼器的非线性特点还需要更深入的研究[26]。

1.磁流变阻尼器的形式

一般磁流变阻尼器可根据其构造分为：剪切式、阀式、剪切阀式和挤压流动式。现阶段较为常用的磁流变阻尼器为剪切阀式，其构造如图4-14所示。

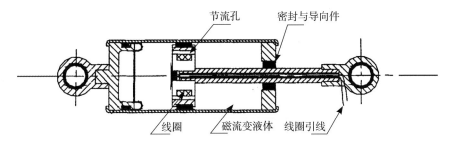

图4-14　剪切阀式磁流变阻尼器示意图

磁流变阻尼器主要由线圈、活塞、磁流变体和液压缸构成（图4-15）。其工作原理是：缠绕在活塞上的通电线圈产生磁场，磁场方向能够在缸体内形成闭合回路；通电线圈中的电流大小会影响磁场的大小，磁场的大小影响磁流变体的特性；通过控制器计算控制力的结果，调节磁流变体的特性，使得阻尼力等于或接近计算控制力大小，以此实现减振控制。

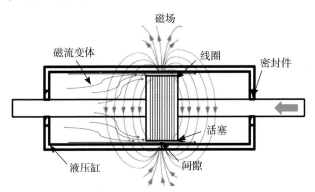

图4-15　剪切阀式阻尼器工作原理

2.世界上首次应用MRFD控制系统的建筑

2001年，日本东京国家新兴科技博物馆（Nihon-Kagaku-Miraikan）建筑首次将磁流变阻尼器用于地震反应控制，如图4-16所示。该建筑的第三层和第五层之间设置了两个最大阻尼力为30t的磁流变阻尼器，在多次中小地震中，该建筑表现出良好的减振效果。

（a）日本东京国家新兴科技博物馆　　　　　（b）磁流变阻尼器系统

图4-16　世界上首次应用磁流变阻尼器的日本东京国家新兴科技博物馆

同年，我国岳阳洞庭湖多塔斜拉桥首次安装磁流变阻尼器控制斜拉索风雨激励的振动[27]。在该桥上共安装了312个美国Lord公司生产的SD-1005型，最大出力为2268N的磁流变阻尼器，用于控制156根斜拉索风雨激励的振动，每根索设置了两个磁流变阻尼器，如图4-17所示。

（a）洞庭湖多塔斜拉桥　　　　　　　（b）磁流变阻尼器系统

图4-17　我国首次应用磁流变阻尼器的洞庭湖多塔斜拉桥

参考文献

[1] 周福霖. 隔震、消能减震和结构控制技术的发展和应用（上）[J]. 世界地震工程，1989：16-20.

[2] 周福霖. 工程结构减震控制 [M]. 北京：地震出版社，1997.

[3] 谢绍松，张敬昌，钟俊宏. 台北101大楼的耐震及抗风设计 [J]. 建筑施工，2005，27（10）：7-9.

[4] 吕西林，丁鲲，施卫星，等. 上海世博文化中心TMD减轻人致振动分析与实测研究 [J]. 振动与冲击，2012，31（2）：32-37.

[5] TAMER M W，NOOR A K. Computational strategies for flexiblemulti body system [J]，Appl. Mech. Rev.，2003，6：553-613.

[6] 欧进萍. 结构振动控制：主动，半主动和智能控制 [M]. 北京：科学出版社，2003.

[7] 李宏男，阎石. 中国结构控制的研究与应用 [J]. 地震工程与工程振动，1999（1）：107-112.

[8] 阎维明，周福霖，谭平. 土木工程结构振动控制的研究进展 [J]. 世界地震工程，1997（2）：8-20.

[9] BAZ A，POH S，FEDOR J. Independent modal space control with positive position feedback[J]. Journal of Dynamic Systems，Measurement，and Control，1992，114（1）.

[10] CAO H，REINHORN A M，SOONG T T. Design of an active mass damper for a tall TV tower in Nanjing，China[J]. Engineering Structures，1998，20（3）.

[11] 陆飞，程文瀼，李爱群. 南京电视塔风振主动控制的实施方案研究 [J]. 东南大学学报（自然科学版），2022，32（5）：799-803.

[12] CHUNG L L，REINHORN A M，SOONG T T. Experiments on active control

of seismic structures[J]. Journal of Engineering Mechanics, 1988, 114（2）.

[13] CHUNG L L, LIN R C, SOONG T T, et al. Experimental study of active control for MDOF seismic structures[J]. Journal of Engineering Mechanics, 1989, 115（8）.

[14] REINHORN A M, SOONG T T, RILEY M A, et al. Full-scale implementation of active control. Ⅱ: Installation and performance[J]. Journal of Structural Engineering, 1993, 119（6）.

[15] 高桥元一, 仓田成人, NASU T. Contrl experiment of multi-story seismic response controlled structure with active variable stiffness（AVS）system:（Part-2）Experimental Results[C]//Summaries of Technical Papers of Meeting Architectural Institute of Japan B. Architectural Institute of Japan, 1990.

[16] KOBORI T, ISHII K, TAKAHASHI M. Dynamic loading test of a real scale steel frame with active variable stiffness device[J]. Journal of Structural Engineering B, 1991, 37: 317-328.

[17] NASU T, KOBORI T, TAKAHASHI M, et al. Active variable stiffness system with non-resonant control[J]. Earthquake Engineering & Structural Dynamics, 2001, 30（11）.

[18] MICHAEL D S, MICHAEL C C. Semi-active control systems for seismic protection of structures: a state-of-the-art review[J]. Engineering Structures, 1999, 21（6）.

[19] KAWASHIMA K, UNJOH S, MUKAI H. Development of variable damper for reducing seismic response of highway bridges[J]. Structures Engineering, 1994, 40A.

[20] MIZUNO T, KOBORI T, MATSUNAGA Y. Adjustable hydraulic damper for seismic response control of large structures（Development of damping force controller and dynamic loading test）[J]. Transactions of the Japan Society of Mechanical Engineers Series C, 1993, 59（566）: 3013-3020.

[21] SHINOZUKA M. Use of visco-elastic dampers to suppress seismic vibration of bridges[C]//U S-Japan Workshop on Earthquake Protective Systems for Bridges. 1996.

[22] PATTEN W N，SUN J，LI G. Field test of an intelligent stiffener for bridges at the I-35 Walnut Creek Bridge[J]. Earthquake Engineering & Structural Dynamics，2015，28（2）：109-126.

[23] KURATA N，KOBORI T，TAKAHASHI M，et al. Actual seismic response controlled building with semi‐active damper system[J]. Earthquake Engineering & Structural Dynamics，1999，28（11）.

[24] 周福霖，谭平，阎维明.结构半主动减震控制新体系的理论与试验研究[J].广州大学学报（自然科学版），2002（1）：69-74.

[25] DYKE S J，SPENCER B F，SAIN M K. Modeling and control of magnetorheological dampers for seismic response reduction[J]. Smart Materials & Structures，2015，5（5）：565.

[26] 何旭辉，陈政清，黄方林，等.洞庭湖大桥斜拉索减振试验研究[J].振动工程学报，2002（4）：79-82.

[27] 关新春，欧进萍.磁流变耗能器的阻尼力模型及其参数确定[J].振动与冲击，2001（1）：7-10.